DOMICILES & STATIONS

établis dans les trous d'arbres

PAR DES ANIMAUX

ET PARTICULIÈREMENT PAR DES OISEAUX,

par M. F. LESCUYER.

DOMICILES ET STATIONS

établis dans les trous d'arbres

PAR DES ANIMAUX ET PARTICULIÈREMENT PAR DES OISEAUX.

PRÉLIMINAIRES.

§ I.

Dans le cours de mes études, j'ai souvent été appelé à parler des forces végétales et animales à l'aide desquelles s'expliquent si merveilleusement quelques-unes des plus grandes harmonies de la nature.

Ces forces sont mises en mouvement par des éliminateurs dont le nombre est incalculable, dont les espèces sont extrêmement nombreuses et qui, toujours et sur tous les points de la création, rétablissent en peu de temps les équilibres nécessaires à la régularité et au complet développement de toute nouvelle production.

Parmi ces éliminateurs figurent des agents atmosphériques comme la gelée, des plantes dites gourmandes, des arbrisseaux et des arbres plus vigoureux par rapport à d'autres plus faibles, qu'ils font dépérir et mourir, et, enfin, des animaux qui, pour accomplir leur tâche, ont reçu des appareils de destruction et de locomotion et, surtout, des instincts admirables.

En fait, tous les animaux sont utiles, mais un certain nombre d'entre eux deviennent nuisibles quand ils sont surabondants.

Dans les contrées où la nature est restée livrée à elle-même, elle rétablit bientôt l'harmonie un moment troublée, et, dans les pays civilisés, c'est un devoir pour l'homme de la seconder dans ces circonstances.

Pour déterminer le rôle de chaque espèce de ces animaux au point de vue de leurs éliminations, il faut avant tout connaître leur nature et les lieux où ils exercent leur action, et par cela même les points sur lesquels ils établissent leurs domiciles et où ils opèrent de simples stations.

En visitant un très grand nombre de trous existant dans les arbres, j'ai pu constater des faits très peu connus et qui, je l'espère, ne seront pas sans importance pour quelques naturalistes.

Telle est la raison des notes suivantes.

Je dois ajouter qu'en explorant les forêts de notre région, j'ai souvent remarqué des faits semblables à ceux que j'ai observés dans les bois de Saint-Dizier, et je suis aussi porté à croire que, sous tous ces rapports, il en est de même dans tous nos pays.

§ II.

Pour pratiquer des éliminations sur les arbres, il faut que les éliminateurs puissent se transporter vers eux, soit en grimpant, soit en volant. Il leur a été donné non-seulement de s'y poser, mais encore d'y stationner et d'y établir leur résidence et même leur domicile.

De là, dans les trous d'arbres, des sortes de petites

tanières et des nids, et il arrive souvent que ces trous sont occupés par une espèce au détriment d'une autre.

Parmi les habitants des trous d'arbres, il faut surtout remarquer les oiseaux et les mammifères.

Nous avons déjà longuement parlé des mœurs des premiers, nous ajoutons quelques notes sur les seconds.

L'animal qui grimpe ne doit pas sensiblement s'éloigner de la perpendiculaire de l'arbre, et il ne s'y maintient qu'au moyen des crampons de ses griffes.

Des pattes courtes l'aident à se rapprocher facilement de ses points d'appui ; un corps long, aussi robuste que souple, lui permet de se replier rapidement comme les rampants, de bondir et d'accélérer ainsi sa locomotion. C'est par ce moyen que les grimpeurs font dans les arbres de rapides déplacements.

Ils ont une longue queue pourvue de muscles vigoureux qui leur permet, en se balançant, de passer d'un arbre à l'autre ; aussi ils s'élancent et glissent en quelque sorte dans le feuillage. Leur tête est petite et leur permet ainsi de s'introduire dans un trou très étroit : car là où la tête passe tout le corps suit.

Ces mammifères ont généralement une mâchoire garnie de dents très aiguës.

J'aurai souvent à revenir sur les faits et gestes de ces animaux et, pour ne pas surcharger de détails ce que j'aurai à dire sur chaque trou d'arbre, je vais ajouter, en ce paragraphe préliminaire, une partie principale du dossier que j'ai à la charge de la martre, *Mustela martes* (Linné), qui est le type le plus remarquable de ces grimpeurs et qui fréquente les bois à la différence de la fouine, *Mustela foina* (Brisson), qui s'établit autour de nos habitations. Cette dernière diffère particulièrement de la martre en ce qu'elle a la gorge blanche, tandis que celle de la martre est jaune.

Je considère comme utile de surveiller cette espèce, d'en diminuer la propagation ; cela est d'autant plus nécessaire que le nombre des oiseaux a besoin d'augmenter. Aussi ai-je toujours autorisé dans mes chasses la destruction des martres ; j'accordais même une gratification en cas de capture, indépendamment de la fourrure qui, en hiver, vaut de 12 à 15 francs.

C'est ainsi que, sous mon contrôle, j'ai réuni les notes suivantes :

Les 9 et 10 mai 1866, j'allais explorer, dans la forêt de Saint-Dizier, différentes espèces de nids qui se trouvaient groupés sur le même point. Arrivé là, un ouvrier me dit qu'il avait vu dès le matin une martre détruire un nid de pinsons, *Fringilla celebs* (Linné), que j'avais remarqué le 6. Or, le 10, à midi, j'ai trouvé détruits 4 nids de pinsons ; 3 de grives, *Turdus musicus* (Linné); 4 de merles, *Turdus merula* (Linné); 2 de grands ramiers, *Colomba colombus* (Linné) ; 1 de grive draine, *Turdus viscivorus* (Linné); et 1 de rubiette rouge-gorge, *Erithacus rubecula* (Degland). Les nids étaient déchirés ; dans beaucoup j'ai remarqué des fragments de coquilles et, dans quelques-uns, des restes de jeunes oiseaux ; évidemment tous ces méfaits provenaient de la martre.

Environ un mois après, un ouvrier de bois a fait sauver d'un trou d'arbre une martre qui sortait d'un autre trou occupé par des abeilles, *Apis mellifica*, et dans lequel le miel avait été pillé.

J'ai vu, le 17 mai 1869, s'échapper d'un trou une martre et ses deux jeunes. Sur deux chênes, à côté, se trouvaient des œufs de colombins, *Columba œnas* (Linné), et de buse, *Buteo vulgaris* (Ch. Bonaparte), récemment cassés et mangés.

Le 4 mars 1870, j'aperçus, en passant, dans un grand taillis, un très beau nid d'écureuils, *Sciurus vulgaris* (Linné), connu dans le pays sous le nom de bourre. Je me mis à frapper du pied le brin de taillis, et de la bourre il partit une martre que je tuai au moment où elle fuyait de branche en branche. Peu de temps après, le 12 avril 1870, un homme qui était monté près d'une bourre, perchée au sommet d'un jeune arbre, vit une martre qui s'en échappait au moment où il allait la prendre à la main ; il descendit avec une moitié de levrault, *Lepus timidus* (Linné), qu'il y avait trouvé et qui pesait environ 400 grammes.

J'ai pris, le 6 mai 1875, une martre et ses deux jeunes dans un trou d'arbre, au pied duquel se trouvaient des débris d'étourneaux, *Sturnus vulgaris* (Linné), et de merles.

Le 20 décembre 1879, il était tombé de la neige ; je partis pour la chasse accompagné de P. P. ; celui-ci trouva sur la lisière le passage d'une martre ; il suivit cette piste jusqu'à 4 heures du soir. Au point de départ, nous avons trouvé les restes d'un rouge-gorge ; à environ 500 mètres de là, les restes d'un geai, *Garrulus glandiarvius* (Vieillot) ; plus loin, la peau et la queue d'un campagnol, *Arvicola vulgaris* (Desm.); ensuite les plumes et les ailes d'un rouge-gorge. A 4 heures, il rejoignit la martre qui, en ce moment, était en train d'arracher la tête d'un corbeau-corneille, *Curvus corane* (Linné), dont elle se proposait de faire son souper ; surprise, elle se sauva dans un trou d'arbre qui était près de là. P. y grimpa et put la saisir à la main. Il vint me rejoindre très heureux de sa chasse, mais avec la main gravement ensanglantée ; il oublia bientôt sa fatigue et sa blessure, car il aimait à penser qu'il avait sur la planche un corbeau, une martre et un renard, *Canis vulpes*,

(Linné) que j'avais tué peu de temps avant et en son absence.

Pour mes études comparatives, j'avais plus d'une fois mangé du corbeau et du renard ; mais j'acceptai une part de la martre que P. avait fait fricasser. J'avoue que, malgré beaucoup d'épices, le morceau que j'ai goûté m'a semblé avoir le goût trop prononcé du bouc.

Un mois après, une autre femelle a été prise de la même façon dans le même trou ; il y avait des plumes de mésanges, *Parus major* (Linné), qui avaient été mangées.

Le 6 mai 1883, j'ai trouvé dans un nid de colombins, fait dans un trou d'arbre, 2 œufs qui avaient été ouverts et gobés par une martre.

Le 12 avril 1870, on me signala, au bois de la Garenne, près de Saint-Dizier, un nid d'oiseaux de proie que l'on me dit être d'épervier-autour, *Astur palombarius* (Ch. Bonaparte). En arrivant près du nid, je vis qu'il appartenait simplement à une buse vulgaire. J'étais accompagné d'un ouvrier. En nous entendant causer et en nous voyant regarder le nid, une martre en sortit ; je fus assez heureux pour la tuer. Montant ensuite près du nid, je trouvai un œuf vidé complètement et un second entamé et portant les traces des mandibules de l'animal ; ces deux œufs figurent dans ma collection.

Le 21 mai 1871, P. P. a pris dans un trou de chêne trois jeunes martres qui pesaient chacune 700 grammes ; la mère, qui s'était sauvée sur un chêne voisin, s'est éloignée sans faire la moindre démonstration.

Vers la fin d'avril 1871, j'ai trouvé trois martres âgées de 4 à 5 jours. Le 26 mai, j'ai tué trois jeunes martres qui étaient nées le 5 de ce mois.

Il m'est arrivé plusieurs fois, pendant les neiges, en me livrant, avec des amis et à l'aide de chiens courants, à la recherche des fauves, de trouver des passées de loup, *Canis lupus* (Linné), et j'ai été assez heureux pour tuer un grand loup et deux louveteaux de l'année.

En mentionnant ces souvenirs de chasse, j'ai voulu indiquer l'espèce des animaux sauvages de notre région pour la destruction de laquelle la législation accorde la prime la plus élevée, celle du loup. Mais beaucoup d'autres espèces doivent être surveillées, en raison des déprédations qu'elles peuvent commettre ; aussi les arrêtés préfectoraux les classent-ils dans la catégorie des animaux nuisibles et accordent-ils pour leur chasse une grande latitude. Au nombre de ces animaux nuisibles se trouve la martre ; nous avons déjà parlé de ses méfaits ; pour en faire ressortir encore la nuisibilité, j'ajoute quelques faits dans les pages qui suivent.

Après ces préliminaires, entrons dans les détails que nous ont fournis nos recherches sur certains trous d'arbres.

§ III

TROUS D'ARBRES.

N° 1. *Description des trous d'arbres que j'ai visités.*

Au nord de la plaine de Saint-Dizier, il se trouve une forêt connue sous le nom de Haie-Renaud.

Il y a plus de trois siècles, sur la lisière, germait un gland duquel sortit un chêne, et qui de suite se présenta avec tous les signes caractéristiques d'un complet développement ; aussi a-t-il été conservé pendant des siècles par les administrations forestières.

En 1884, il avait en hauteur 25 mètres, en diamètre 1 mètre 20, et il était remarqué comme un des plus beaux arbres de cette forêt. Cependant, il y a 40 ans, il s'est formé à l'intérieur du tronc une carie qui s'est progressivement étendue ; alors des insectes perforeurs que la science appelle *Xylophages* sont intervenus pour activer la décomposition du tronc de l'arbre. Cette maladie passait inaperçue pour les gardes des forêts ; mais les pics, *Picus* (Linné), avaient remarqué à la surface les traces de ces insectes, et, de plus, en frappant le bois à l'aide de leur bec, ce qui est pour eux une manière d'ausculter, ils avaient acquis la certitude qu'il y avait dans l'écorce et à l'intérieur d'excellents insectes à manger. Deux pics-épeiches, *Picus major* (Linné), se mirent donc à commencer le forage de l'arbre à l'endroit où ils pensaient trouver le plus grand nombre de ces insectes. L'arbre était sans branches jusqu'à une hauteur de plus de 10 mètres ; là se développait une première couronne de grandes branches dont quelques-unes retombaient vers le sol, et c'est à la naissance de cette couronne que les pics commencèrent leur travail. Grâce à la perforation de l'arbre, ils eurent ainsi bon logis et bonne table, et peu de temps après ils y établirent leur ponte. Leurs jeunes ne furent sans doute pas tourmentés et purent prendre leur essor dans des conditions favorables. L'année suivante, en 1874, les pics sont allés à la recherche d'autres chênes qui n'avaient pas été soumis à leurs explorations, et deux étourneaux profitèrent de ce logis, qui se trouvait ainsi vacant, pour s'y établir. Cette résidence était d'autant plus favorable que ces oiseaux, en se perchant sur les branches élevées, pouvaient apercevoir, d'une hauteur de 25 mètres, les cultivateurs qui venaient labourer leurs terres et mettre à découvert de nombreux vers blancs. Ils n'avaient à ajouter à cette loge qu'une literie composée de brins de paille. Leurs fréquentes allées et venues, avant la première ponte, avaient attiré l'attention d'un dénicheur, et celui-ci, quand le moment fut venu, chercha le moyen de pénétrer jusqu'au trou.

Cette opération était très dangereuse, car l'arbre avait une très grande hauteur et 1ᵐ20 de diamètre. Il eut l'idée de couper deux grands brins de taillis qu'il lia solidement au moyen de harts ; le plus gros brin se terminait par un fort crochet ; le dénicheur finit par lancer ce crochet sur une des branches du chêne, ensuite il opéra son ascension jusqu'à cette branche, et, en rampant, se rendit au tronc de l'arbre sur lequel se trouvait le trou des étourneaux. Après quelques coups de hachette, il put les prendre.

Le trou avait été ainsi élargi et se trouvait avoir un diamètre de 20 centimètres.

L'année suivante, les étourneaux trouvèrent que cette ouverture, en raison de ses proportions, donnait un accès trop facile à leurs ennemis. Mais deux colombes colombins, qui ne peuvent s'introduire que dans un trou ayant une ouverture en rapport avec la grosseur de leur corps, s'empressèrent de profiter de cette circonstance pour s'y installer ; sans aucun doute cet établissement leur a parfaitement réussi. Des hauteurs du chêne ils dominaient le bois et la plaine et pouvaient se renseigner sur les éliminations qu'ils avaient à pratiquer selon la saison et le temps ; aussi, pendant 4 ans, ont-ils joui de tout le bien-être qu'ils pouvaient désirer. Mais deux martres, qui, en explorant ce chêne, l'avaient trouvé à leur convenance, s'établirent dans le trou; elles pouvaient, en effet, grimper sur le tronc sans branche et sans rugosité, sortir du trou, ramper sur les grandes branches et sauter sur les brins des taillis voisins. J'en ai vu une qui, effrayée, a sauté d'une hauteur de 15 mètres; en la voyant s'élancer, j'ai couru afin de l'atteindre avec ma canne; mais elle avait à peine touché le sol que, d'un second et d'un troisième bond, elle avait disparu, se riant sans doute de mes efforts. Le dénicheur, qui connaissait parfaitement cet arbre, vit un jour un de ces animaux grimper jusqu'au trou et y entrer; il en conclut que la martre y déposait ses petits et, quelques jours après, il se transporta au trou par les mêmes procédés qu'il avait employés pour dénicher les étourneaux. Il le boucha avec sa casquette, coupa une branche, l'aiguisa, et arriva ainsi à tuer la mère et deux jeunes. Les colombins, qui vivaient dans le voisinage, constatèrent avec bonheur que les martres avaient disparu et se mirent aussitôt à faire une couvée.

Pendant deux ans, en 1876 et 1877, le trou n'a pas été visité. Au commencement de 1878, il y a eu encore des colombins, et fin d'août un essaim d'abeilles, qui s'y était établi, a été détruit, sans qu'on ait su comment cela était arrivé. En 1879, on a pris dans ce trou trois nichées de colombins. Pendant l'hiver et par la neige, une martre était allée se blottir dans le fameux trou, et le dénicheur qui, souvent, visitait ces lieux, grimpa sur l'arbre avec précaution et, au moyen d'une mèche soufrée, asphyxia la martre.

Après la mort de cet animal, des abeilles sont venues s'y installer; elles étaient là parfaitement établies pour explorer toutes les fleurs de la plaine généralement très riches en miel à cet aspect du midi; elles sont restées là pendant 5 ans et ont été détruites vers la fin de septembre 1884, dans les circonstances suivantes : le grimpeur qui, déjà plusieurs fois, avait fait l'ascension périlleuse de l'arbre a eu l'idée de se porter au trou ; quand il est arrivé là, il s'est trouvé en face de trois rats noirs, *Mus decumanus* (Pall). L'un d'eux, en s'aidant de sa queue, s'est élancé et, d'un bond à travers l'espace, il est allé sauter dans le petit trou d'une grosse branche voisine, accomplissant ainsi un saut de 4 mètres ; les deux autres ont été tués, et par l'un d'eux, qui est dans ma collection, j'ai su que ces animaux étaient de l'espèce dite surmulot, *Mus decumanus* (Pall).

Il devait y avoir, avant le pillage du trou, 12 kilog. de miel ; on n'en a trouvé que 2 kilog. 500.

Les rayons de la base étaient ébréchés et portaient les traces des morsures des rats. Il est possible que les rats aient été mis au monde dans le petit trou, dans lequel la mère s'est élancée, et que ces animaux-là soient venus plus tard se nourrir dans le bloc de miel. En 1885, les colombins ont repris possession de leur ancien domicile, y ont fait leurs pontes et élevé leurs petits.

Telle est l'histoire dont nous aurons à tirer les conclusions à la fin de notre chapitre.

N° 2. *Chêne de la forêt de Trois-Fontaines, lieudit la Chausse ; hauteur totale 20 mètres, grand diamètre 75 à 80 centimètres.*

Les premières branches sont très grandes et se rapprochent très sensiblement des brins de taillis. L'une de ces branches, arrachée par un coup de vent, a provoqué, au point de la rupture, une pourriture qui, en s'élargissant progressivement, a donné lieu à une excavation ; cette cavité s'est trouvée avoir en profondeur, en hauteur et en largeur 40 centimètres.

Deux écureils, vers le 20 mai 1871, trouvèrent ce réduit suffisant ; ils le garnirent à la base de filaments d'écorce de chêne et y déposèrent leurs petits.

En définitive, cet établissement offrait de véritables avantages. Des premières grosses branches, les père et mère pouvaient sauter sur les grands taillis, gagner les massifs sans mettre pied à terre, gambader à l'aise, se livrer à toute gymnastique et surtout à la voltige, cueillir une noisette ou une faîne, soit pour la manger sur place, soit pour faire des provisions ; surprendre et croquer une mouche ou un papillon, un lérot, *Myoxus nitela* (Gmel), comme aussi un lérot muscadin, *Myoxus muscardinus* (Gmel) qui chemine sans précaution dans les branches.

Mais je dois dire également que les écureuils se permettent des œufs à la coque qu'ils vont dérober dans les nids d'oiseaux ; il leur arrive même de manger la mère avec les œufs.

J'ai connu deux écureuils qui s'étaient établis dans le grenier d'une ferme, tout près d'un petit bois ; ils avaient bientôt remarqué que, sous le toit de la maison, il y avait plusieurs nids d'hirondelles de fenêtre, *Hirundo urbica* (Linné). Un jour, l'un d'eux fut surpris au moment où, se cramponnant sous le toit, il étranglait une hirondelle. Aussitôt le propriétaire, qui était près de là, courut chercher son fusil et fit acte de justice.

Il est bien regrettable que l'écureuil ne se montre pas plus respectueux dans les habitations. Ce serait un véritable plaisir que de l'y voir folâtrer et se livrer à ses gracieuses évolutions.

J'ai élevé un jeune écureuil qui est devenu bientôt familier et affectueux ; d'un bond, il grimpait dans la poche de mon paletot et, quand il était las d'y rester, il en sortait pour monter sur mes épaules et sur ma tête. Assez souvent nous voyagions ensemble. Un de mes amis le trouvait si aimable, que j'ai cru lui faire plaisir en lui en faisant cadeau. Mon écureuil a été lâché dans un parc et l'on s'amusait à le voir gambader partout. Mon ami reconnut bientôt que c'était trop s'exposer, au prix d'une jolie cabriole, d'être privé d'un solo de rossignol, *Erithacus luscinia* (Degland), ou d'une tendre mélodie de fauvette à tête noire, *Sylvia atricapilla* (Scopoli), et il se décida à se priver des parades de l'écureuil.

Ces histoires m'ont un peu éloigné de mon sujet principal ; aussi j'y reviens sans retard.

Ainsi que nous l'avons déjà dit, l'orifice du trou n'avait, en diamètre, que 40 centimètres ; de cette façon l'écureuil échappait aux visites de ses ennemis mortels, la martre et la chouette hulotte, *Strix aluco* (Meyer et Volf) ; mais un ouvrier, qui travaillait dans le voisinage, avait remarqué ce petit trou, et, ayant frappé l'arbre de sa hache, il en fit sortir un écureuil ; il se promit de revenir le lendemain avec ses crochets et il put, de cette façon, aller prendre les trois jeunes.

Les écureuils sont détruits, non seulement par les dénicheurs, mais encore par les chasseurs. Quand, malgré sa course échevelée au milieu des taillis, l'écureuil se voit obligé de gagner le sommet d'un arbre, il s'y tapit ; mais les chasseurs se portent de chaque côté de l'arbre : l'un d'eux fait du bruit ; l'animal, pour l'éviter, se jette de côté et se fait tuer par l'autre chasseur.

Toutes les espèces d'écureuils sont très intéressantes. Je possède, dans ma collection, deux remarquables spécimens qui me viennent du Congo : l'un est celui du grand écureuil connu sous le nom d'écureuil de

Madagascar, et l'autre celui de l'écureuil volant, que les savants désignent sous le nom de ptéromys flèche.

Tous deux attirent toujours l'attention de mes visiteurs.

Les bois sont hantés par beaucoup d'autres espèces d'animaux, et cela est logique.

Si l'action des éliminateurs donne lieu à de très grandes complications en ce qui concerne la production de la plaine, elle est beaucoup plus remarquable encore quand il s'agit de faire vivre et prospérer des arbres pendant plusieurs siècles ; aussi, les agents éliminateurs des forêts, préposés à l'élevage d'un chêne et aux soins que réclame un vieillard de trois ou quatre cents ans sont-ils très nombreux, d'espèces très variées et doivent-ils souvent se mettre en mouvement.

Faut-il, par exemple, surveiller l'écorce des arbres, certaines espèces d'oiseaux entrent en ligne. S'il s'agit de perforer l'écorce et le bois, les pics se chargent de cette affaire.

Au contraire, la toilette des brindilles est faite par des mésanges qui, très légères et armées de crochets aigus, savent se cramponner dans tous les sens de la branche.

Quand il faut, à l'aide d'une pince longue, fine et aiguë, sonder dans les moindres crevasses, les grimpereaux, *Certhia familiaris* (Linné), sont chargés de cette opération.

Faut-il éplucher la surface des branches et du tronc ou la mousse, les sitelles, *Sitta europæa* (Linné), réussissent très bien. En effet, elles ont le bec relativement long et robuste ; elles savent grimper très vite et dans tous les sens ; aussi elles trouvent toujours à travailler toute l'année dans notre pays, aussitôt que les circonstances sont favorables.

C'est grâce à ces variétés de petits agents que la
police se fait parmi les insectes qui cherchent ordinai-
rement leur nourriture dans certaines parties des
arbres, et particulièrement différentes espèces de four-
mis, parmi lesquelles se trouve la fourmi Hercule, *Formica Herculis* (Linné), et la fourmi fuligineuse, *Formica
fuliginosa* (Linné), espèces qui nichent dans les trous
d'arbre ou stationnent dans leur voisinage.

Il n'est donc pas étonnant qu'en 1874 deux sitelles
aient eu l'idée de s'établir dans le cantonnement où se
trouvait la loge de nos écureuils. Avec de la terre
qu'elles pétrissaient, elles commencèrent à en rétrécir
l'entrée, de manière à ne laisser qu'une ouverture pro-
portionnée à la grosseur de leur corps ; c'était, en
effet, un moyen d'écarter tout animal de plus grande
taille.

Pendant plusieurs années, les nichées de sitelles ont
très bien réussi ; mais, en 1883, un gamin a grimpé
sur l'arbre ; de son couteau il a fait sauter toute la
maçonnerie des sitelles et a pris les jeunes. Au mois de
mai 1884, le même gamin retourna au trou avec deux
de ses camarades, grimpa sans faire de bruit et se hâta
d'y plonger la main. Il crut d'abord sentir des oiseaux ;
cependant il comprit qu'il y avait quelque chose
d'insolite et prit peur en voyant sortir une chauve-
souris, *Vespertilio serotinus* (Linné) ; il eut ensuite la
curiosité de voir s'il y en avait d'autres et il en fit sortir
sept à l'ébahissement de ses compagnons.

Comme on le voit, en forêt les chauves-souris ont une
place réservée.

Quand les oiseaux du genre gobe-mouche, *Muscicapa*
(Linné), se sont livrés pendant toute la journée à la
chasse des diptères, que les hirondelles, en rasant
la surface du bois, ont capturé ceux qui se sont élevés

dans les airs et que l'engoulevent, *Caprimolgus euro-
pæus* (Linné), n'a pas encore commencé sa chasse du
crépuscule, les chauves-souris se livrent sans bruit,
dans l'obscurité, à la destruction des mouches et des
papillons de nuit, et concourent ainsi, d'une manière
très utile, à la grande œuvre des éliminations.

N° 3. — A deux kilomètres de là, dans le même cantonnement, se trouve un chêne ayant en hauteur
35 mètres, en diamètre un mètre. Un premier trou a
été pratiqué à 14 mètres, il y a 20 ans ; ce trou avait été
creusé par deux pics épeiches ; les pics ont été pris par
un bûcheron, et, pour cela, le trou avait été élargi.

L'année suivante, en 1866, des pics de la même
espèce ont creusé un nouveau trou à 10 mètres, et le
même bûcheron a également pris les jeunes pics en
élargissant le trou.

Enfin, en 1867, un troisième trou a été creusé proba-
bablement par les mêmes pics, à 15 mètres.

Cette même année, le bûcheron s'empressa d'aller
grimper sur le chêne, au moment où il supposait qu'il
y avait des petits, et il prit, d'après le dire de son voisin, dans le trou du haut, 5 pics épeiches, dans celui
du milieu 4 colombins, et dans celui du bas 6 étourneaux.

En 1868, je passais près du chêne, et, en frappant
l'arbre de mon pied, j'ai fait partir un colombin ; en
visitant son nid, j'ai trouvé une ponte de trois œufs qui
figurent dans ma collection ; cette fois seulement j'ai
trouvé trois œufs au lieu de deux.

La même année, il s'est fait, dans le trou du bas, une
ponte d'étourneaux. En 1869, quatre nichées de colombins sont parties du trou du milieu et une d'étourneaux du trou supérieur.

Il est à remarquer que, cette année-là, il s'était formé, à l'orifice de ce dernier trou, un bourrelet très sensible qui faisait obstacle à l'entrée, et qui, en la rétrécissant, protégeait ainsi les étourneaux.

Dans le trou du bas, la même année, il y a eu une nichée de mésanges charbonnières.

En 1870, le 5 mai, il est parti du trou supérieur une nichée de sitelles, et presque aussitôt des frelons, *Vespa crabro*, sont venus s'installer dans le trou du milieu.

Nous avons eu déjà l'occasion de parler des abeilles qui s'installent aussi dans des trous d'arbres.

A ce sujet nous devons faire quelques réflexions sur les insectes.

Dans les 6,192 animaux catalogués par M. Godron pour la Lorraine, il se trouve 5,173 insectes ailés qui peuvent ainsi, par le vol, répartir les travaux qu'ils ont à accomplir, soit à l'état parfait, soit surtout à l'état de larves. Parmi ces insectes, un certain nombre concourt à la fécondation des plantes, en transportant le pollen de fleur en fleur ; un très petit nombre donne des produits spéciaux, comme le miel, la cire, l'écarlate, la cochenille, etc.... Mais les chiffres cités par M. Godron font parfaitement ressortir l'importance capitale des éliminations pour lesquelles ils ont tous été créés.

Pour toutes ces éliminations, il devait y avoir parmi ces nombreuses espèces une hiérarchie bien ordonnée, et entre eux des êtres proportionnellement plus forts que d'autres, les uns protégés par un revêtement en substance cornée, d'autres armés de fortes pinces et de cornes, d'autres encore, comme le frelon, ayant à leur disposition un dard empoisonné.

Ceux-ci, pour s'occuper de leur reproduction, sont

beaucoup mieux logés dans un trou d'arbre que dans un terrier de la plaine.

Dans la sève, surtout celle du saule, ils trouvent une matière qui leur convient. A l'arrière-saison, ils se plaisent à manger les fruits mûrs et tombés du pommier et du poirier sauvages. Dans le cours de l'année, ils choisissent bien des insectes et particulièrement des abeilles.

Je ne sache pas qu'ils arrivent à dévaliser et à faire envoler une ruche d'abeilles, surtout quand elle est complète.

Mais le frelon aussi paie son tribut à des éliminateurs.

J'ai vu dans un estomac de bondrée, *Pernis apivora* (Cuvier), des fragments de frelons. Quand vient l'engourdissement de l'automne, la martre en détruit plus d'un nid.

Les nids établis avec confiance par des frelons dans des maisonnettes et dans des huttes d'ouvriers de bois sont détruits par le feu et le soufre; dès le grand matin, ils sont accessibles sans danger.

On comprend donc qu'une compagnie de frelons ait trouvé convenable de venir se fixer dans le grand trou du milieu de notre arbre.

En 1871, dans ce même trou et au milieu des résidus de frelons, une martre a été tuée le 18 mars; c'était une femelle. Cette même année, il y avait correspondance entre les trous du milieu et du haut, et, pendant l'année, on n'y a constaté l'existence d'aucune espèce d'habitants.

Alors ce bois, appartenant à l'État, a été exploité et les administrateurs de la forêt, qui n'avaient pas remarqué les trous dont nous venons de parler, ne firent pas abattre l'arbre pourri. Aussi, dès 1880, des animaux en

reprirent possession ; des colombes colombins nichèrent dans le trou du milieu et des étourneaux dans
celui du bas.

En 1882, un écureuil femelle et trois petits furent
pris dans le trou inférieur, et, immédiatement après,
des colombes colombins nichèrent dans le trou inter-
médiaire.

En 1883, 5 hulottes ont été élevées dans ce même
trou.

En 1884, 3 œufs de hulotte y ont été mangés par une
bête fauve ; la mère se mit à faire une nouvelle ponte,
ou plutôt à continuer celle qu'on avait détruite en
partie et, deux mois après, il en sortit trois petites
hulottes.

Du trou du bas sont également partis 5 étourneaux.
Comment expliquer que ces étourneaux n'aient pas
été détruits par les chouettes ?

Telle est l'histoire résumée des faits qui se sont
accomplis dans les trois trous du chêne dont nous
venons de parler.

Au courant de cette étude, nous avons exposé
des généralités qui nous permettront d'être plus
succincts dans ce qui nous reste à dire.

N° 4. — A cent mètres de l'arbre qui vient d'être
décrit, il se trouve un très gros hêtre ayant en hauteur
totale 32 mètres, dont 17 mètres depuis la base jusqu'aux premières branches.

En 1865, à 15 mètres du sol, un premier trou a été
creusé et habité par deux pics verts, *Picus viridis*
(Linné).

L'année suivante, pour construire leur nid, les mêmes
oiseaux ont creusé un second trou à 0^m 50 plus haut ;
la troisième année, en 1866, ils en ont creusé un troisième à 0^m 60 du second.

En 1867, il y a eu, dans les deux premiers trous, des étourneaux et, dans celui du haut, des sitelles.

L'année suivante, de ces trois trous un seul, celui du bas, a été occupé par des étourneaux.

Un dénicheur en a élargi l'entrée pour prendre ces oiseaux.

En 1869, des colombes colombins sont venues s'y installer.

En 1870, le trou du milieu ayant été élargi, des colombes colombins s'y sont logées, et, dans le bas, il y a eu des mésanges charbonnières.

En 1871, le trou inférieur a été habité par des colombes colombins.

En 1872 et 1873, les trous de ce hêtre n'ont pas été visités.

En 1874, il y avait communication entre le trou du bas et celui du milieu.

Cette double loge était occupée par des frelons, et alors on les voyait sortir par les deux trous.

En 1875, le trou supérieur, qui se trouvait élargi, a été occupé par des colombes colombins qui y ont fait trois nichées.

De ces trois trous pas un seul n'a été occupé en 1876 et 1877.

En 1878, ils s'étaient élargis et n'en ont plus fait qu'un seul qui a été occupé par des colombes colombins ; cette même année, quand les jeunes colombins ont été pris, les frelons y sont revenus.

En 1880, on a pris successivement, dans ce trou, 3 nichées de colombes colombins.

L'année suivante, les colombes ont été mangées avec leur mère, très probablement par une martre que l'on avait vue à cette époque sur cet arbre.

En 1883, cette loge tout entière est restée vacante.

En 1884, une forte colonie d'abeilles s'y établit, et deux ouvriers, qui s'en étaient aperçus, grimpèrent après s'être munis de masques. Ils trouvèrent et prirent 8 kilog. de miel.

N° 5. — *Chêne dans le bois de Villiers-en-Lieu, près Saint-Dizier : hauteur 30 mètres, diamètre 0.80.*

Dans cet arbre, il s'est produit, par suite de pourriture, un trou dont l'orifice était étroit. Le trou a d'abord été habité par des abeilles.

Pour avoir le miel, on a élargi ce trou qui a été, en 1869, occupé par des hulottes qui y ont niché pendant 5 ans.

A ces hulottes ont succédé des frelons qui l'ont habité pendant deux ans.

Des martres, qui y avaient stationné pendant l'hiver de 1876, y déposèrent leurs petits qui furent pris le 3 février.

La même année, peu de temps après, deux colombes prirent possession du trou, et il s'est trouvé, le 7 mars, des jeunes très avancés et en même temps une ponte de deux œufs ; le dénicheur ayant pris les petits et les œufs, la mère a fait immédiatement une autre ponte ; les jeunes colombes ayant été dénichées, la mère a fait une troisième ponte.

En 1877, la colombe est revenue dans son trou et y a pondu. Le dénicheur, étant retourné au nid, à l'époque où il supposait y trouver des jeunes, a constaté qu'ils venaient d'être mangés, et la mère, qui avait été étranglée, restait dans le nid et devait naturellement servir pour le prochain repas d'un rapace.

Pendant l'hiver, on a pris dans ce trou une martre, probablement celle qui avait détruit les colombins.

En 1878 et 1879, ce trou a été occupé par des hulottes.

En 1880 et 1881, des écureuils y ont niché ; leurs petits n'ont pas été pris.

En 1882, 1883, 1884 et 1885, ce trou, qui avait été fréquenté par des martres, était resté inoccupé au printemps et en été.

N° 6. — *Chêne situé à 500 mètres du précédent : hauteur 20 mètres ; diamètre 0,50.*

En 1869, par suite de pourriture, il s'est produit, à 15 mètres du sol, un trou qui a été approprié, au printemps de 1870, par des sitelles.

A l'arrière-saison, des abeilles s'y sont introduites. Il y a eu vacance pendant trois ans.

Un dénicheur ayant élargi ce trou dans l'espoir d'y trouver des oiseaux, des hulottes en ont pris possession ; elles y ont établi leur domicile pendant trois ans ; leurs petits ayant été détruits, elles abandonnèrent cette demeure et des huppes, *Upupa epops* (Linné), vinrent y nicher au printemps. Immédiatement après, des mésanges charbonnières y faisaient leur seconde ponte.

En 1878, ce trou a été inoccupé. Des hulottes sont venues s'y installer en 1879, et elles ont été remplacées, l'année suivante, par des colombins.

Ce logis ayant été vacant pendant deux ans, des hulottes sont revenues l'occuper et y ont été remplacées, l'année suivante, par des écureuils dont la mère a été tuée.

En 1885, réinstallation des colombins ; la première nichée ayant bien réussi, la mère a fait une seconde ponte ; mais, les frelons ayant envahi cette demeure, les pigeons ont abandonné leurs œufs.

Ce trou n'a pas été visité depuis.

Nº 7. — *Chêne situé à 300 mètres du précédent : hauteur*
20 mètres ; diamètre 0,50.

A 8 mètres de hauteur, des pics épeiches y ont creusé
un nid en 1881.

En 1882, ce trou a été rétréci et arrondi par des
sitelles, afin d'y faire leur ponte. Les jeunes ont été
pris par un gamin qui, pour arriver à son but, avait
élargi le trou. Des écureuils profitèrent de cette vacance
pour y faire leurs petits ; mais ils ne furent pas plus
heureux que les sitelles, car les trois jeunes furent
également pris par le même gamin.

En 1884, installation d'abeilles. Il est à remarquer
que les abeilles ne s'établissent dans un trou que
lorsqu'il est nouvellement creusé ou restauré par une
sitelle.

Ce trou a été, en 1885, occupé par des mésanges
charbonnières.

Nº 8. — *Chêne de la Haie-Renau, lieudit « les Frou-*
chies » : hauteur 30 mètres ; diamètre 1 mètre 30.

Dans ce chêne, il y a trois trous ; en général, deux
sont occupés par des colombins, et le troisième, qui est
un peu plus large, est recherché par les hulottes.

Nº 9. — *Gros hêtre du bois de Chancenay, à l'entrée*
de la tranche.

En 1875, il y avait, au même moment, sur cet arbre,
des nids de sitelles, d'étourneaux et de pics épeiches.
L'année suivante, ces trous ont été élargis par un dénicheur, et les colombins sont venus s'y établir.

Le dénicheur ayant fouillé à nouveau tous ces trous,

il en est résulté une profonde excavation. Depuis ce moment, les hulottes l'ont habité.

La pourriture s'étant continuée dans le bas, les hulottes ont niché profondément et leurs jeunes, de cette façon, ont été épargnés.

N° 10. — A 400 mètres de là, il existe un autre hêtre à peu près de pareille grosseur.

Comme le premier, il avait été élagué et cet élagage avait donné lieu à de la pourriture et à 5 trous. La pourriture s'est agrandie dans le sens de la longueur du tronc, et il en est résulté une grande loge dans laquelle des colombins se sont trouvés à l'abri des dénicheurs.

N° 11. — Un chêne de la même forêt et du même canton a été creusé par des pics épeiches, élargi par un dénicheur, et, en 1884, on a pris dans ce trou, successivement, 3 nichées de colombins. L'année suivante, 2 gobes-mouches à collier ont établi dans ce trou un nid en mousse dans lequel leurs œufs et leurs petits ont réussi.

N° 12. — A 50 mètres du même arbre, la branche d'un chêne de taille moyenne a été arrachée par un coup de vent ; il en est résulté, en peu de temps, un trou dans lequel un torcol, *Yanc torquilla* (Linné), a fait son nid ; l'entrée du trou se trouvant bien dissimulée, la ponte a réussi.

N° 13. — A 50 mètres de là, se trouve un aulne dont la cime a été cassée à 4 mètres de hauteur par une bourrasque ; sur cette plate-forme garnie de rejets, deux merles noirs ont établi leur nid en 1885.

Dans un trou, à 10 centimètres au-dessous, se trou-

vait un nid de mésanges charbonnières auquel le nid
de merles servait de couverture.

Les merles ont été pris par un dénicheur : ces oiseaux
étaient arrivés à leur taille, et, dans le même moment,
il n'y avait que des œufs dans celui de mésanges.

§ IV.

J'ai fait de très nombreuses recherches sur
l'existence de nos espèces d'oiseaux et sur le rôle qui
leur a été assigné par la Providence ; tous sont doués
d'instincts supérieurs qui portent nos moineaux domestiques, *Passer domesticus* (Brisson), à passer l'hiver
dans notre quartier, tandis que nos hirondelles
rustiques, pour la même saison, émigrent au Sénégal
et même au-delà de l'Equateur ; nos hulottes nichent
dans les trous d'arbres, tandis que nos mésanges à
longue queue se pelotonnent dans des nids de mousse
qu'elles tissent avec des toiles d'araignées et dont l'intérieur est garni de plumes et de duvet.

D'autre part, j'ai visité un très grand nombre de
nids, et je suis persuadé que, sur tous les points de
nos forêts, il se passe des faits semblables à ceux que
je viens de citer : ainsi les animaux sauvages ont pour
leurs stations les plus difficiles, et particulièrement au
moment de la reproduction, des gites analogues à ceux
que les oiseaux domestiques trouvent dans les basses-
cours.

De cette façon, les oiseaux sauvages sont préparés
aux déplacements multiples et rapides qui leur sont
nécessaires pour les éliminations qu'ils pratiquent.

Ces descriptions de trous d'arbres m'amènent à
parler d'un fait extrêmement curieux.

Le 20 avril 1882, je suis parti de Saint-Dizier pour aller explorer la forêt de Trois - Fontaines, lieudit de la Houssière. Je savais, en effet, qu'il y avait là un monumental nid d'épervier *autour*. Chemin faisant, j'eus à traverser des taillis de 7 ans. Sur un terrain humide, j'aperçus une couche de mousse ayant en longueur 0^{m}75 et en épaisseur 0^{m}20.

J'ai d'abord regardé si cette mousse ne recélait pas un nid. Je constatai qu'il n'en était rien et que cette couche de mousse constituait une espèce de chaussée qui, du reste, avait été piétinée par de petits oiseaux.

Mon œil se porta dans la direction d'un chêne où aboutissait cette allée et il me fut donné de faire les constatations suivantes.

L'administration forestière avait vendu et fait exploiter, six ans auparavant, cette partie du bois ; elle avait naturellement mis en délivrance les arbres atteints de pourriture et ceux surtout dans lesquels il y avait des cavités.

Deux mésanges charbonnières ayant constaté qu'il y avait lieu d'espérer une nourriture assez abondante pour l'élevage de leur famille, en sondant un trou qui se trouvait au pied de l'arbre, la pensée leur vint de nicher dans cette cavité.

Pour arriver là, simplement en marchant, il fallait d'abord construire une chaussée, parce que le sol était souvent couvert d'eau ; ainsi s'explique la chaussée dont je viens de parler.

Ce trou, à son orifice, avait le diamètre de la grosseur de ces mésanges charbonnières ; il s'élargissait ensuite et se terminait à 0^{m}60 de hauteur par une légère fissure.

Ces mésanges résolurent alors de construire un escalier en mousse aboutissant à leur nid qu'elles placèrent à 0^{m}50 du sol. De cette façon, elles eurent une entrée inaccessible à des animaux de plus grande taille qu'elles, un nid bien établi au milieu du trou et, par le fait de la fissure, une espèce de fenêtre.

En élargissant cette fissure, je pus constater, avec un homme qui m'accompagnait, qu'il y avait 11 œufs dans le nid. Tout était donc pour le mieux. Je priai mon compagnon de revenir le lendemain afin de rétrécir la fissure, ce qu'il fit.

Cette nichée a parfaitement réussi. Trois fois j'ai eu à constater des nids de mésanges charbonnières établis dans de petites cavités à la base des arbres.

Si, dans l'ordre des oiseaux, il existait une école des ponts et chaussées, naturellement on dirait que les mésanges sortent de cette haute école ; mais Dieu, qui a tout prévu dans les miondres détails de la création, pour que tout fonctionne bien dans la nature, a donné aux mésanges, pour accomplir leur tâche, de prodigieux instincts et un outillage qui ne laisse rien à désirer.

Aussi la répartition des oiseaux et de leurs nids m'a-t-elle toujours extrêmement intéressé.

Qu'il me soit permis d'ajouter ici encore quelques détails bien propres à nous montrer l'admirable instinct des oiseaux. Un de mes amis, M. de Lafournière, possède, dans la forêt du Val, près de St-Dizier, un bois qu'il a parfaitement aménagé ; les arbres y ont été élagués avec beaucoup de soin ; mais, par suite, les oiseaux qui établissent leur nid sur des branches fourchues ont éprouvé de sérieuses difficultés et, pour en triompher, ils ont dû recourir à des moyens souvent très ingénieux. C'est ce que nous montre l'exemple de deux mésanges à longue queue que j'ai pu observer le 13 mars 1883. Elles avaient rencontré un endroit favorable au point de vue de l'alimentation par suite de l'abondance des insectes, mais qui se prêtait difficilement à l'établissement d'un nid. Il y avait là deux brins de taillis de hêtre qui s'élevaient l'un à côté de l'autre, presque parallèlement, toutefois avec un écartement variable. A une certaine hauteur, l'un de ces brins portait une ramille qui se dirigeait vers l'autre brin, mais à ce point il n'y avait pas possibilité de placer un nid. Que firent les mésanges ? Entre ces deux brins, elles construisirent une colonne de mousse qu'elles ajustèrent avec des fils d'une espèce d'araignée; cette colonne avait 8 centimètres en moyenne et 50 centimètres de haut, c'est-à-dire autant qu'il était nécessaire pour atteindre un écartement égal à la largeur du nid, soit 11 centimètres, et c'est sur le sommet de cette colonne aussi solide qu'élastique qu'elles édifièrent leur nid. Toute la construction (que je conserve dans ma collection) était en mousse ; et, pour le soustraire aux regards ennemis, les feuilles des arbres, à cette époque, n'étant pas encore poussées, les mésanges avaient eu bien soin d'en revêtir toutes les parois extérieures avec des débris de lichen ayant à peu près la même teinte que l'écorce du hêtre : aussi était-il très difficile de la découvrir. Ce fait montre, une fois de plus, comme nous l'avons dit, les merveilleuses aptitudes des mésanges pour l'architecture.

Voici une autre observation non moins intéressante. A Omey (Marne), chez M. Ponsard, il existe, à peu de distance du salon, une chambre de verdure, entourée de quatre tilleuls. De ces arbres partent des fils de fer qui supportent une suspension en terre cuite, ornée de *trades cantia*. C'est dans cette suspension que, le 26 mai 1882, j'ai pu examiner le nid de deux gobemouches gris. De cette résidence aérienne ces oiseaux pouvaient facilement échapper aux chats de la maison et profiter des nombreux passages de mouches qui arrivaient de toutes les directions. La ponte a été de 4 œufs, dont le premier datait du 10 juin.

Or, à cette même époque et dans des circonstances analogues, se passait un fait tout semblable à St-Dizier (40 kilomètres environ d'Omey). Dans l'établissement de bains de M. Gérard se trouve aussi une chambre de verdure, encadrée dans de jeunes arbres, auxquels sont attachés des fils de fer soutenant une suspension en terre cuite. C'est dans ce vase, au milieu de fraisiers d'ornement, que deux gobe-mouches gris se sont installés. Ils rencontraient là une nourriture abondante, puisque, sur les bords de l'Ornel, il y a toujours un mouvement considérable de mouches et de moucherons, et, en outre, ils pouvaient, en toute sécurité et hors de l'atteinte des chats, construire leur nid et élever leur jeune famille. Il y eut 4 œufs comme à Omey et le premier a été pondu le 13 juin 1882.

Ces faits si extraordinaires sont-ils dus au hasard ? Ne sont-ils pas plutôt une des révélations que la Providence se plaît à renouveler sans cesse et sous toutes les formes, afin d'attirer l'attention des hommes d'étude qui ne s'arrêtent pas à la surface des choses? Ainsi les oiseaux, même le gobe-mouches, nous montrent combien sont admirables les harmonies de la nature.

J'ai connu toutes les ivresses de la chasse, mais j'ai trouvé des joies plus pures et plus profondes dans l'étude de la nature et particulièrement dans la vue des merveilleuses harmonies que m'a révélées le monde des oiseaux.

Saint-Dizier, le 20 décembre 1885.